更衣记

中国时装艺术
An Evolution of Fashion：Chinese Costume
（1920s—2010s）

主编◎薛雁

ZHEJIANG UNIVERSITY PRESS
浙江大学出版社

目 录

前　言

　　20世纪是一个缤纷的世纪，中国社会政治、经济、文化发生了巨大的变化。中国最后一个封建王朝被推翻。从此，中国服装摒弃了一成不变的森严等级制度，吸收了西方的服饰文化，开启了百年服饰新时尚。

　　自20世纪20年代起，被公认为最具代表性的中国女性服装——旗袍逐渐形成和成熟，它继承了古代中国的袍服元素，吸取了西洋服装的裁剪方法，恰如其分地呈现出中国女性秀丽柔和的曲线和美丽独特的韵致，成为中国服装史上的经典造型，以至流行百年而不衰。

　　随着时代的变迁，社会生活特别是与之密切相关的服装也发生了巨大的变化。新中国成立后，服装被打上了时代的烙印，蓝衣绿服成为当代中国社会形态的一个缩影。

　　改革开放以后，中国服装设计走过了快速发展的40年，出现了真正的时尚产业。在融入世界的浪潮中，中国培养了一批服装设计师，创作出一大批具有中国特色和国际水准的作品，中国服装设计拥有了知名品牌，登上了国际舞台。

　　我们记录了百年间中国服装变迁的脉络，呈现中国时装设计师的风采与成就，让中国时装艺术在中华文化复兴的过程中变得更加丰富繁荣。

世缤相纷

20 世纪第二个 10 年，随着中外交往增多，欧美的生活方式和服饰渐渐渗透到中国的各大城市，尤其是国际大都市上海，更是服装时尚的中心。20 世纪 20 年代，一艘艘远洋巨轮运来一箱箱最新的欧美时装，时髦女性争相购买。闺阁名媛和电影明星们争相仿效好莱坞女星所着服装，紧随国际新潮流，纷纷穿上洋装。

从 1920 年至 1949 年，女性服饰时尚的发展趋势主要有以下两点：一是旗袍的发展成熟，二是西洋裙装的争奇斗艳。作为中国女性国服的旗袍，在这个时期缤纷灿烂，令人目不暇接。至于西洋服装，则更是百花齐放。男装则以中式的长袍马褂和西式的洋装礼帽为主。与此同时，中西合璧之服装，也尽显风采。

01

多
元
时
尚

20 世纪 20 年代后，西风渐进，社会风气明显开化，作为五个通商口岸之一的上海得风气之先，成为全国时尚的发源地。西方时髦洋装的冲击波有力地撞击着中国传统服饰文化，传统女性既向往时髦，又留恋几千年来习惯了的上衣下裳。

当时髦与传统几经碰撞后，一种被称为"文明新装"的服装应运而生。同时，在保留中国传统袍服元素的基础上，另一种吸收西方设计理念和裁剪方法的女服——"旗袍"也形成了。男士有着长袍马褂的完全中式者，有着长衫穿西裤皮鞋的中西合璧者，当然也有完全西化，着整套西服者。无论是中西混杂还是或中或西，都各具风采。

民国初建立，有一时期似乎各方面都有浮面的清明气象……时装上也显出空前的天真、轻快、愉悦。喇叭管袖子飘飘欲仙，露出一大截玉腕，短袄腰部极为紧小。

——张爱玲《更衣记》

文明新装

20世纪初开始流行一种大襟紧身短袄。短袄的衣摆呈圆弧形或平直形，摆长至臀部以上，衣袖长至肘，袖口呈喇叭形，一般大为七寸，也称倒大袖。短袄与穿套式大裙摆、长至足踝或小腿部的黑裙配套穿着。这类衣服被称为"文明新装"。由留洋女学生和中国本土教会学校的女学生率先穿着，逐渐在各社会阶层的时尚女性中流行。

穿"文明新装"与西装的人们 20世纪20年代

广告画中穿"文明新装"的女子　20世纪20年代

花卉纹绸倒大袖短袄
黑色小花纱裙

20 世纪 20 年代
衣长 56 cm，通袖长 105 cm
裙长 80 cm，腰宽 33 cm
材质：蚕丝
中国丝绸博物馆藏
编号：2205；0667

　　该套袄裙即是"文明新装"，上袄蓝色，面料为大朵花卉纹绸，立领，斜襟，圆下摆，倒大袖，领、袖、襟、下摆缘缀有花边和亮珠片。下裙围合穿套式，裙腰开衩，有系带。以暗花纱为面料，用正反缎纹组织与绞纱结构交替间隔成竖条纹，并在条纹内填以小朵花样。

黄缎地彩绣花卉纹袄
黑色小花绸裙

20 世纪 20 年代
衣长 57 cm，通袖长 110 cm
裙长 95 cm，腰宽 40 cm
材质：蚕丝
中国丝绸博物馆藏
编号：2206；0666

　　此套短袄与长裙的搭配组合是继"文明新装"后的一种变化款，其喇叭袖明显缩小，下摆圆弧也变得较平直。面料和制作工艺则比较讲究，以明黄色素缎为地，用彩色丝线绣出一整枝的月季花卉，绣工精致，配色和谐、亮丽，用黑色素缎镶饰领缘、袖口和下摆，使其能与黑裙相呼应。并以淡灰蓝色暗花绸作衬里，内夹绵。

　　黑色折枝花卉绸裙，在平纹地上以绞纱和经浮变化组织织出折枝小花图案，裙分多片，片与片连接处和裙下摆用流苏花边装饰，裙身围合，裙腰两侧开衩，腰部前片用两竖排白色纽扣点缀。

广告画

20 世纪 20 年代
材质：纸
中国丝绸博物馆藏
编号：3051

长马甲

20 世纪 20 年代初，在中年妇女中普遍流行一种形制类似清代褂襕的长马甲，比褂襕更显瘦长、素雅和精致，常套穿在倒大袖短袄的外面，既保留了清代服装的廓形，又显露出时尚之感。

穿倒大袖袄长马甲的女子　20 世纪 20 年代

此件马甲长至脚踝，偏收身，保留传统袍服的立领、斜襟、盘扣元素。面料为黑色暗花缎织物，其图案为大枝墩兰花纹，两两交错排列。

短袄立领，斜襟，袖口呈喇叭形，圆下摆。衣料为1:1平纹绉纱织物，用印花工艺印制出图案，以月牙形为骨架，间饰以玫瑰花卉纹样。

花卉纹缎长马甲
印花绉纱倒大袖短袄

20世纪20年代
马甲长112 cm，肩宽24 cm
短袄长53 cm，通袖长93 cm
材质：蚕丝
中国丝绸博物馆藏
编号：1698；1709

暗花绸长袍

20 世纪 30 年代
衣长 136 cm，通袖长 147 cm
材质：蚕丝
中国丝绸博物馆藏
编号：0580

　　长袍也称"长衫"，是民国时期男人们的常服，相对清代长袍更显合身，衣袖细长，用平袖。常用面料有几何纹、小花纹、团花纹的绸缎和素色棉布，此件的面料为几何纹暗花绸。

倒大袖旗袍马甲

20 世纪 20 年代

衣长 108 cm，通袖长 94 cm

材质：蚕丝

中国丝绸博物馆藏

编号：1413

这是旗袍发展史中具有重要价值的
一件实物，看似条纹方格绸倒大袖短袄
配黑色花卉纹蕾丝长马甲，实则为两种
面料重叠并缝合的一件服装，其主体是
蕾丝长马甲，用条纹方格绸面料做了喇
叭袖。这件旗袍马甲向我们显示了倒大
袖袄与长马甲合二为一的最初形态，是
现代旗袍形成的前奏。

广告画中穿倒大袖旗袍的女子　20 世纪 20 年代

卷云纹织花绸倒大袖旗袍

20 世纪 20 年代
衣长 109 cm，通袖长 116 cm
材质：蚕丝
中国丝绸博物馆藏
编号：1102

　　此件织花绸旗袍是 20 世纪 20 年代初
新型旗袍的典型款式，领部、袖口、下摆
开衩处还留有清末女服的云肩装饰风格，
衣领较高，有六粒盘扣，依稀还有元宝领
的感觉。平直宽大的廓形，宽宽大大的袖
口长至肘下，旗袍马甲的原形也尚存。

02

花
样
年
华

　　旗袍被公认为最具代表性的中国女性服装，它线条简洁流畅、风格雍容华贵、制作工艺精良，恰如其分地呈现出中国女性秀丽柔和的曲线和美丽独特的韵致，成为服装史上的经典造型而流行百年。

　　旗袍从20世纪20年代开始流行，到20世纪30年代进入黄金时代。其款型由起初的平直宽松到受国际女装风潮影响后的收腰，并通过衣服的长度、开衩及衣领高度和袖子长短的节奏性变化，使女性形体曲线得到更完美的展示。

　　20世纪40年代，旗袍趋向以简洁、实用为主要特色，面料则从20世纪30年代的崇尚欧洲进口向采用土布转变。

　　20世纪50年代之后，旗袍逐渐从中国大陆大众女性生活中淡出，在香港、台湾地区和侨居各国的华人中持续存在。

穿倒大袖旗袍的女人和穿长衫的男人　20 世纪 20 年代

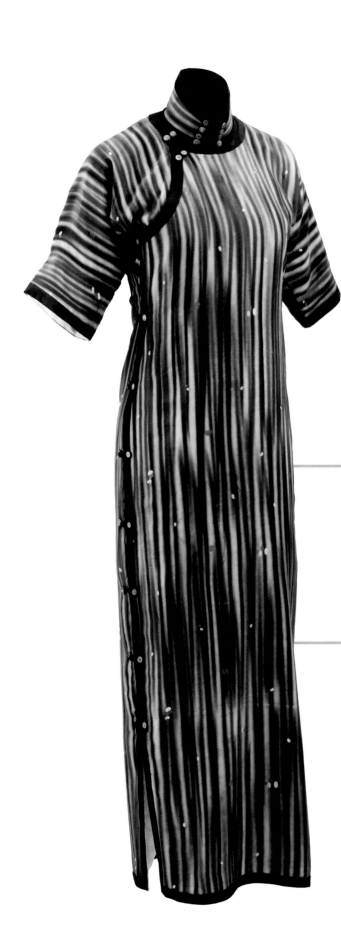

印花晕色条纹绸旗袍

20 世纪 30 年代
衣长 131 cm，通袖长 90 cm
材质：蚕丝
中国丝绸博物馆藏
编号：0654

　　此件旗袍在绿色绸地上进行印花，
纹样为浅绿、深绿、黄色条状间隔，产
生出晕色的效果，并在其中间缀小红点
与白碎花，更显灵动。以黑色素缎镶边，
黑中带白的花色盘扣，精致而简洁。

卷云纹织花绸倒大袖旗袍

20 世纪 20 年代
衣长 111 cm，通袖长 107 cm
材质：蚕丝
中国丝绸博物馆藏
编号：2081

　　这是一件民国初期经典的旗袍，这种
旗袍款式的出现应源于长马甲与短袄合
并。这件旗袍采用延伸领，大襟，倒大袖，
下摆长至小腿中下部，袍身平直较宽松。
面料为当时非常流行的卷云纹绸。

旗袍花边运动

　　《良友》画报1940年第150期《旗袍的旋律》一文中对于1932年年度旗袍的描述是："整个旗袍的四周，这一年都加上了花边。花边运动盛行。"这一年中，广泛流行在衣领、襟缘、下摆、开衩边及袖边加饰各种蕾丝、缎质等花边。

橘红色绸短袖旗袍

20世纪20年代
衣长133 cm，通袖长66 cm
材质：蚕丝
中国丝绸博物馆藏
编号：1338

　　橘红色绸旗袍，面料通过不同的组织配合显现凹凸的条状效果。此件旗袍的镶边非常讲究，用红、粉、白三种颜色的素缎进行三道镶边，这是不常见的。袍领高至下颌，钉缝四粒一字盘扣，内领上衬有白色棉布花边，既具装饰作用，也有实用功能，用以防护衣领，并且可以拆卸清洗。

花卉纹绸镶花边短袖旗袍

20 世纪 30 年代
衣长 112 cm，通袖长 82 cm
材质：蚕丝
中国丝绸博物馆藏
编号：1367

　　这件旗袍以蓝紫色花卉纹绸
为面料，以红色蕾丝花边镶边。
短袖，开衩至膝盖以上，为当时
较流行的款式。

花卉纹乔其绒旗袍

20 世纪 30 年代

衣长 128 cm，肩宽 50 cm

材质：蚕丝

中国丝绸博物馆藏

编号：1416

　　乔其绒是民国时期流行的旗袍面料。这件旗袍为黄色乔其纱地上起浅棕色绒花，用黄色、浅棕色缎镶嵌领、袖、开衩和下摆边缘，色调与袍料相互呼应。

广告画中穿旗袍的女子　20世纪30年代

花叶纹蕾丝盖袖旗袍

20 世纪 30 年代
衣长 128 cm，通袖长 40 cm
材质：蚕丝
中国丝绸博物馆藏
编号：1403

　　《良友》画报《旗袍的旋律》文中曾有这样的描述："1934 年，里面又盛行衬马甲，当时的旗袍还有一个重大的变迁，就是腰身做得极窄，更显出全身的曲线。"此件旗袍应与之吻合，采用蕾丝面料制成，黑色叶瓣，白色牡丹花朵，通透的蕾丝面料并无衬里，穿着时内衬马甲，收腰非常明显。

浅黄色小花纹绉绸短袖旗袍

20 世纪 30 年代
衣长 134.5 cm，通袖长 58 cm
材质：蚕丝
中国丝绸博物馆藏
编号：1372

　　这款旗袍选料为浅黄色提花绸，图案
是红色点花纹，色彩清新典雅。衣长及脚
踝，衣身较为平直，略有收腰，两侧开衩。
最具特色的是其花式盘扣，采用同样的红
色缎制作成点花纹盘扣，以浅黄色缎作扣
的包边，非常协调和精致。

黑绸彩绣二龙戏珠纹旗袍

20 世纪 30 年代
衣长 140 cm，通袖长 62 cm
材质：蚕丝
中国丝绸博物馆藏
编号：1288

　　1932 年旗袍从短向长发展，1935 年长度达到极致，下摆近地，被称为"扫地旗袍"，也有描述像"扫把星"。此件旗袍长至脚踝，可属"扫地旗袍"之列，立领、短袖，收腰明显。以黑色素绸为面料，在衣领、襟、袖、下摆等边缘用传统刺绣工艺盘金绣出二龙戏珠纹，尽现端庄高贵之气。

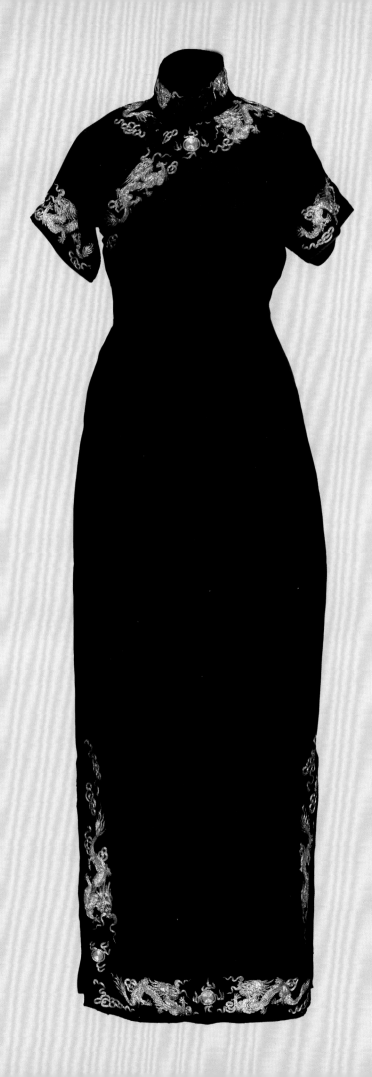

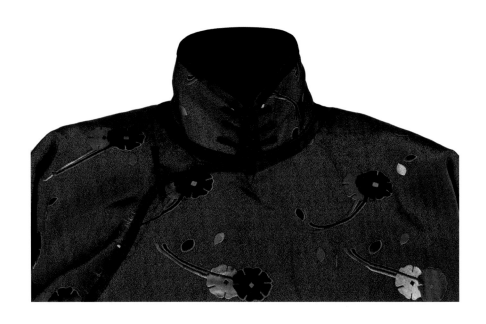

织花绸裘皮旗袍

20 世纪 30 年代
衣长 130 cm，通袖长 140 cm
材质：蚕丝
中国丝绸博物馆藏
编号：1062

　　此件旗袍应在冬日穿着，用裘皮作衬里，以织花绸为面料，褐色绉绸作地，采用提花工艺织出成组的小朵灰色和褐色缎面绒花，相同色系的褐色缎镶边，简洁的一字纽扣，推测出旗袍的主人应是一位成熟娴静的女性。

棕色印花缎长袖旗袍

20 世纪 30 年代

衣长 128 cm，通袖长 136 cm

材质：蚕丝

中国丝绸博物馆藏

编号：0653

此件旗袍在黄色缎地上以印花工艺印出棕色大朵花卉纹，
用色大胆，对比强烈，花型大且呈放射状，具有较强的立体感，
其风格明显受 20 世纪 20 年代西方艺术装饰（Art Deco）风
格的影响。

紫色拷花丝绒长袖旗袍

20 世纪 30 年代
衣长 120 cm，通袖长 134 cm
材质：蚕丝
中国丝绸博物馆藏
编号：0605

　　这是一件 20 世纪 30 年代典型的旗袍。据捐赠者讲述，此件旗袍是她母亲中
年时穿的。衣料是当时较为流行的丝绒，紫色绒地上以拷花工艺显现出大朵菊花纹，
精致的花色盘扣颇具特色。

几何纹印花绸旗袍

20 世纪 40 年代
衣长 127 cm，通袖长 110 cm
材质：蚕丝
中国丝绸博物馆藏
编号：1357

　　20 世纪 40 年代，旗袍的设计趋于简洁，少了花边、盘扣等装饰。此件旗袍襟缘和腋下采用按扣和拉链，面料为平纹地织物，上有彩色印花，图案也是规正的柿蒂花和小团花。

花卉纹缎长袖旗袍

1950 年
衣长 119 cm，通袖长 134 cm
材质：蚕丝
中国丝绸博物馆藏
编号：X1094

　　当我们收藏此件旗袍时，旗袍的主人已
82 岁高龄，旗袍是她在 1950 年为出席别人
的婚宴而定制的。旗袍面料是织花软缎，大
朵的黄花和红花相间排列，洋溢着喜庆和高
贵之气。

广告画中穿旗袍西装的女子　20 世纪 30 年代

03

中
西
合
璧

　　20世纪30年代，中国旗袍与欧洲时装同臻鼎盛期。随着西洋裙装进入中国争奇斗艳，社会名流、电影明星、社交名媛及知识女性在其影响下，纷纷穿上洋装。与此同时，也出现了衣领中式、裙摆西式的中西合璧式连衣裙。并且，人们还别出新意地在旗袍外搭配西式外套、斗篷、披肩、毛衫及裘皮大衣。此时，东西方服饰文化深度交融，这种多元文化时代的别样风尚，使东方女性古典高雅的形象又增添了现代与摩登的气息。

海虎绒大衣
花卉纹绒短袖旗袍

20 世纪 40 年代
大衣长 131.5 cm，肩宽 45 cm
衣长 132 cm，通袖长 123 cm
材质：毛、棉
中国丝绸博物馆藏
编号：0604；2156

　　这是一种内旗袍、外大衣的中
西组合穿着方式，此类穿着风格在
20 世纪三四十年代非常流行，显示
了由西方传入的西式呢制大衣、皮
毛大衣的服饰时尚。

　　旗袍采用真丝乔其绒为面料，
浅褐色地褐色朵花，沉稳典雅。黑
色的海虎绒大衣采用对襟、翻领，
袖口外卷，同色包扣。

海虎绒大衣
彩色横条纹旗袍

20 世纪 40 年代
大衣长 105 cm，肩宽 41 cm
衣长 110 cm，通袖长 139 cm
材质：毛、棉
中国丝绸博物馆藏
编号：1318；2248

　　这也是旗袍与大衣组合搭配
的穿着。旗袍面料为彩色横条纹，
采用了红、绿、黄、蓝、黑、紫
等色条纹组合，色彩丰富艳丽。
外套大衣以浅棕色海虎绒为面料，
对襟，翻领，装袖，袖口外卷，领、
袖和襟边相连，翻边用线缝纫出
人字形花纹。

泡泡袖旗袍

20 世纪 30 年代
衣长 135 cm，肩宽 29 cm
材质：蚕丝
中国丝绸博物馆藏
编号：1512

　　这是中式元素与西式裁剪方
法结合的一种旗袍款式，领、开
衩还是传统旗袍的形式，而袖子
采用西式的装袖，并加皱褶，袖
形向上抛起，也称"泡泡袖"，
袖口加克夫。

串珠片连衣裙

20 世纪 30 年代
衣长 107 cm，通袖长 97 cm
材质：蚕丝
中国丝绸博物馆藏
编号：1505

　　此件是西式的连衣裙，以绿色的绉纱作面料，在裙身上用亮珠片串珠、钉缝呈竖的条状线，圆环立领，装袖，有腰节线并打皱褶，腰部用同面料制有花朵和飘带，末端有流苏。

中西式连衣裙

20 世纪 30 年代
衣长 132 cm，通袖长 75 cm
材质：蚕丝
中国丝绸博物馆藏
编号：1510a

　　此件是中西式结合的连衣裙，用丝绒面料制成，传统的中式立领，有盘扣，领下、袖口、下摆用金银线刺绣，裙摆为完全西式的喇叭形裙型。

广告画中穿西式连衣裙的女子　20 世纪 30 年代

西装及西裤
马甲

20 世纪 20 年代
衣长 70 cm，肩宽 39 cm
裤长 97 cm，腰宽 37 cm
马甲长 52 cm，肩宽 26 cm
材质：毛
中国丝绸博物馆藏
编号：2135

　　20 世纪 20 年代，中国各大城市以着西装为时髦，广泛流行穿西装。此套西服由双排扣西装、西裤和马甲组成，面料采用灰、黑相间的编织纹花呢。

西式帽子

20 世纪 20 年代

直径 32 cm，高 12 cm

材质：毛

中国丝绸博物馆藏

编号：2151

礼帽用灰色毛呢制成，圆顶，有宽宽的帽檐，微微翻翘，帽顶与帽檐之间有一黑色的缎带装饰。在民国时期，礼帽经常与长衫或西装搭配穿戴。

1950 年代——1970 年代

革命浪漫

　　1949 年，中华人民共和国成立，中国人的服饰发生了较大变化。因在中华人民共和国开国大典上，毛泽东穿了中山装，自此，中山装正式成为全国人民的向往。人民装、干部装的流行，也同出此理。而列宁装最初引进到中国，是在 1949 年前后作为中国人民解放军军服的一种，因其深受苏联领袖列宁钟爱，进而成了布尔什维克的身份标志，也成了 20 世纪 50 年代女性追求的主要"时髦"服装。

　　1966 年至 1978 年，节俭蔚为风尚，不仅深深影响了一代人的价值取向，也带来了一种新的审美观，即以朴素为美。

01

红
装
素
服

1966 年至 1978 年是一个比较特殊的时代，此时，审美变得前所未有的简单明确和整齐划一。服饰的美观性和装饰性被弱化，实用性和功能性得以突显，朴素和单调成为这个时期不言而喻的服饰特征。除了绿军装热潮外，大众服装基本以中山装、青年装、军便装的"老三装"和蓝、灰、黑的"老三色"为主流。只有稍有点花色的包棉袄衫，成为一片蓝、灰色中的一个亮点。

青年装

20 世纪 70 年代
衣长 65 cm，肩宽 47 cm
材质：棉
中国丝绸博物馆藏
编号：X1123

　　此件服装以蓝色卡其布为面料，有一上二下三个口袋，五粒扣。该款服装简洁大方，顺应了 20 世纪 60 年代至 70 年代简朴实用的着装风格，受到青年人的喜爱。

女式两用衫

20 世纪 70 年代
衣长 60 cm，肩宽 42 cm
材质：棉
中国丝绸博物馆藏
编号：X1228

　　两用衫有的指春秋两用的服装；有的指天冷时当外套，天热时当衬衣的服装。此件蓝色卡其布制成的两用衫，翻领、对襟、四粒扣，两个大贴袋，春秋季当外套，冬季也可包棉袄。

草绿军装

20 世纪 70 年代
衣长 69 cm，肩宽 49 cm
材质：化纤
中国丝绸博物馆藏
编号：X1159

草绿军装，小翻领，五粒纽扣，四个有袋盖的暗袋，配穿蓝色裤子，是当时的空军制服。

军装是这个时期最火热的时尚，几乎所有年轻人都希望穿上草绿军装、绿军帽、军用鞋、军挎包、军皮带，袖戴红臂章、手拿红宝书。

包棉袄衫

20 世纪 70 年代
衣长 64 cm，肩宽 56 cm
材质：棉
中国丝绸博物馆藏
编号：X1174

包棉袄衫是穿在中式棉袄外面的罩衫，有连袖的中式罩衫和装袖的中西式罩衫之分，一般会选用色彩较亮丽或有小花纹的面料，因此在以蓝、绿、灰为服装主色调的 20 世纪六七十年代，包棉袄衫已是非常时尚的服装了，爱美的女性也会在春秋季就将其穿在毛衣的外面。

02

风
华
永
恒

20 世纪 50 年代起，旗袍成为一些文艺工作者和国家领导人夫人出访时的礼服，也是港澳台地区和侨居海外的华人参加重大活动的盛装。

20 世纪 80 年代后，除了日常的生活装外，旗袍以其高贵典雅和婉约神秘的特点，再一次成为新时代中国女性追求的时尚。无论是名媛影星的礼服，还是新娘的嫁衣，或是百姓的日常着装，旗袍依然独领风骚。

缀绒花纱旗袍

20 世纪 50 年代
衣长 120 cm，通袖长 64 cm
材质：合成纤维
唐贝洽女士捐赠
中国丝绸博物馆藏
编号：2012.17.1

　　这件旗袍是贝聿铭继母蒋士云女士在 20 世纪 50 年代订制的服装。旗袍由手工缝制，内衬为黄色素缎，外层为椒孔纱，在衣身以及前胸部位缀有黑色碎小绒花，并在花上加缀珠片。

大朵花卉纹绸旗袍

当代
衣长 143 cm，肩宽 41 cm
材质：合成纤维
包陪庆女士捐赠
中国丝绸博物馆藏
编号：2012.5.11

　　此件旗袍的主人是世界船王包玉
刚的夫人包黄秀英。黑色绸地彩印出
红花大朵连枝花卉纹，并用绿叶作陪
衬，高贵华丽，鲜艳动人。

花卉纹绉绸旗袍

当代
衣长 140 cm，肩宽 41 cm
材质：蚕丝
包陪庆女士捐赠
中国丝绸博物馆藏
编号：2012.5.6

　　此件是包玉刚女儿包陪庆女士的旗袍，宝蓝色暗花绉绸为面料，端庄亮丽，边饰精致，廓型优美。

旗袍与绣衣

当代
袍长 136 cm，肩宽 35 cm
外衣长 120 cm，肩宽 37 cm
材质：蚕丝、化纤
群力资源中心创会会长捐赠
中国丝绸博物馆藏
编号：2011.70.1

　　旗袍与外套搭配穿着从 20 世纪
30 年代一直流行至今。这组服装为一
香港知名女性捐赠。黑色旗袍与黑色
地白色花卉纹刺绣的外衣组合，十分
精美别致，高贵典雅。

蕾丝旗袍

当代

衣长 133 cm，肩宽 36 cm

材质：合成纤维

台湾丁广鋐先生捐赠

中国丝绸博物馆藏

编号：2012.17.1

旗袍以蕾丝面料制成，白色镂空底，金属丝编织而成的植物花卉纹样，疏密有致，精致典雅。

刺绣花卉纹旗袍

当代

衣长 131 cm，肩宽 37 cm

材质：合成纤维

台湾辜严倬云女士捐赠

中国丝绸博物馆藏

编号：2013.52.1

　　这是一件黑色面料上满绣花卉纹样的旗袍，花卉为折枝朵花，由大红色和橘色的花朵与绿色的叶子组成，以绿色小圆点加以点缀。整件服装花儿朵朵，繁星点点，充满着春意盎然的气息。

缀珠片花卉纹刺绣旗袍

当代
衣长 130 cm, 肩宽 49 cm
材质：合成纤维
香港华慧娜女士捐赠
中国丝绸博物馆藏
编号：2013.2.14

　　该件服装由中式的立领与西式
的裙摆结合而成，裙摆两侧装饰荷
叶边，湖蓝色的衬裙，椒孔纱面料
上缀有刺绣贴花、亮珠和珠片，尽
显华丽与典雅。

丝绒亮片绣短袖旗袍

当代
衣长 133 cm，肩宽 35 cm
材质：蚕丝
美籍华人余翠雁女士捐赠
中国丝绸博物馆藏
编号：2014.11.19

　　旗袍以紫红色的丝绒为
面料，带花式盘扣。服装前
片以白色或彩色珠片、珠子、
珠管等材料缀绣成一枝花，
高贵而雅致。

韵

2009 年

作者：李薇

衣长 130 cm，肩宽 36 cm

材质：蚕丝

中国丝绸博物馆藏

编号：2012.52.1

第十一届全国美术作品展览优秀奖作品

　　旗袍以水纱和绡为面料，用晕

染工艺表现出国画般的色彩和韵味。

手绘"百年华装"旗袍

2012 年
作者：尉晓榕（绘）吴海燕（设计制作）
衣长 127 cm，肩宽 40 cm
材质：蚕丝
中国丝绸博物馆藏
编号：2013.11.16

　　在 2012 年中国丝绸博物馆举
办的"百年华装丝情杭州——中华
服装的遗产与繁荣展"开幕式上，
中国美术学院尉晓榕教授当场在白
缎上绘制了一位身着旗袍的女子。
这匹白缎后由中国美术学院的吴海
燕教授制作成这件旗袍。

凰脂胭盒

2012 年
作者：杭州利民中式服装厂
衣长 141 cm，肩宽 35 cm
材质：蚕丝
中国丝绸博物馆藏
编号：2012.4.1

　　这是一件新娘在婚礼上穿的旗袍，大红色素缎，用彩色丝
线在前襟绣出凤鸟纹，下摆处绣有海水江崖图案，象征吉祥，
非常喜庆。

唐境春华

2012 年
作者：NE・TIGER 时装有限公司
衣长 144 cm, 肩宽 36 cm
材质：蚕丝
中国丝绸博物馆藏
编号：2012.41.2

　　此款长礼服以黑色丝绒为面料，保留了传统中式立领和
盘扣的元素，用刺绣工艺绣出唐代贵妃早春游园的景象，充
满诗情画意。

2008 年奥运会颁奖礼服

2008 年
作者：玫瑰坊·郭培
材质：丝绸

  这是 2008 年奥运会颁奖礼服系列中的宝石蓝、国槐绿、玉脂白三款。宝石蓝系列采用温润典雅的宝蓝色作为礼服主色，腰饰采用传统盘金绣。国槐绿系列丝缎礼服寓意蓬勃朝气、生命力，体现了与自然和谐发展的美好愿望及坚守"绿色奥运"的决心。玉脂白系列巧妙地呼应了奥运奖牌金镶玉的理念，彩绣腰带和玉佩的组合，既是中国玉文化的完美再现，又是对传统旗袍设计的创新。

奥运祥和

2008 年
作者：玫瑰坊·郭培
材质：丝绸

　　此款是为章子怡参加奥运圣火采集仪式设计的礼服，以象征圣洁的白色缎为面料，用彩色丝线和金线刺绣出中国传统的龙、白云、鹤图案，寓意吉祥和美。

绮丽
时装

20世纪80年代后,中国时装界发生了较大的变化:成立了第一支中国时装专业表演队;创办了第一本中国时装杂志;成立了中国流行色协会、中国服装设计师协会;成功举办了"中国国际青年服装设计师作品大赛"。这些机构和活动都持续至今,并不断发展和壮大。

在这30年中,一大批既具有东方美学,又有国际视野的设计师脱颖而出,他们立足于本土,结合国际流行潮流,所创作的经典作品充分展现了中国服装的非凡艺术。时装在中国设计师们的努力诠释下,经过从制造到创造的过程而迅速发展,逐渐由民族化走向国际化。

时装是一种永恒的艺术,时尚更因梦想而成长。

鼎盛时代

1993 年
设计师：吴海燕
材质：真丝
第一届"兄弟杯"金奖作品

作品以绚丽飘逸的手绘丝绸为面料，
宛如敦煌壁画上飞天的服装配色；古典人
物与故事的主题图案，充满着古韵与现代
的气息。流苏悬垂的紫红色竹编灯笼，檐
翅高翘的竹编帽子，以"一丝一竹"将江
南水乡与西北风情完美结合。

秦　俑

1994 年
设计师：马可
材质：椰壳、麻、棕榈
第二届"兄弟杯"金奖作品

　　这套服装是将椰壳切割成小块，用细皮条连接而成。用棕榈做冠饰，意在
用环保的材料再现古代秦俑朴拙而威武的风采，将中国的传统内涵转换成现今
的创意精神，表现中华民族文化精神的张力，尽显浑厚、质朴和博大。

剪纸儿

1996 年
设计师：武学伟、武学凯
材质：皮革、弹力化纤、水钻
第四届"兄弟杯"金奖作品

　　应用传统剪纸手工艺在红色皮革上切割、
镂空，将剪纸立体化，做成三维空间。剪出
历史，剪出未来，剪出当下，剪出美丽，剪
出梦想，剪出和合！《剪纸儿》充满着天人合
一的东方人文哲学思想。和天和地和自然，
和你和我和他，和而共生。

莲中珍宝

1998 年
设计师：高巍
材质：双面羔羊皮、羊皮、化纤、压皱欧根纱
第六届"兄弟杯"金奖作品

　　作品以褐、黄为主色调，展现一种来自
天国的梦幻色彩和流畅款形，并将西藏的神
秘感和极具宗教特色的莲花与服饰巧妙地结
合，使得作品具有强烈的个性特色和宗教之
美的震撼力与感染力。

一半一半

2000 年
设计师：邹游
材质：牛仔布、桃皮绒、硬纱
第八届"兄弟杯"金奖作品

　　本设计倾向于简约的解构，摇摆在中性和女性之间。设计由
视觉、空间的概念引发，自然的褶皱，不规则剪裁，不按常理出现、
随意变换的抽线，给受众带来了多种穿着方法，这是一种在现代
语境中的设计，也是一种现代化了的传统。

　　"一半一半"系列将服装的内空间与外空间的结构并置、互填，
以落实各种观念自然消解的意念传达，整个服装系列以藏蓝与白
色调为主，款式上可以随意拆换、搭配。

长江系列

2009 年
设计师：张肇达
材质：棉、麻、丝绸、珠片

　　作品围绕中国传统文化之根，由着激情与想象的翅膀孕育时尚风云，勾勒出一幅因岁月和文明的积淀而勃发的中华盛景，用时尚语言昭显中华文化的厚重。作品在追求前卫的现代感中，将长江之水的浩然流淌演绎得气势恢宏。

点—线—面

2009 年
设计师：陈嘉慰
材质：棉布、纱线
第十七届"汉帛奖"金奖作品

　　作品以彝族的传统文化为设计灵感来源，运用轻薄与厚重面料混搭，将闪烁的"点"、欢腾的"线"、庄重的"面"相互交错，时而紧凑起伏，时而舒缓流畅，把张灯结彩，普天同庆之感体现在整个系列中，时尚而具文化内涵。

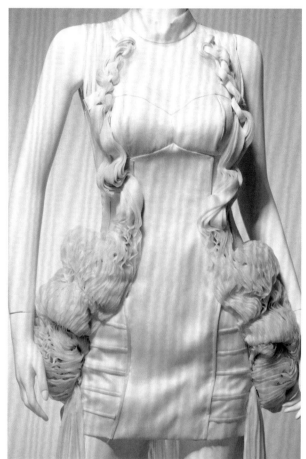 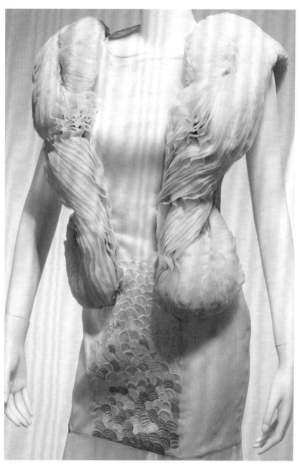

灵

2012 年
设计师：贾芳
材质：真丝
第二十届"汉帛奖"铜奖作品

　　作品创意来源于万物皆有灵，用精良的手工刺绣和精湛的时装褶皱工艺展现大自然的诗画意境，述说着生命中至美至真的故事。

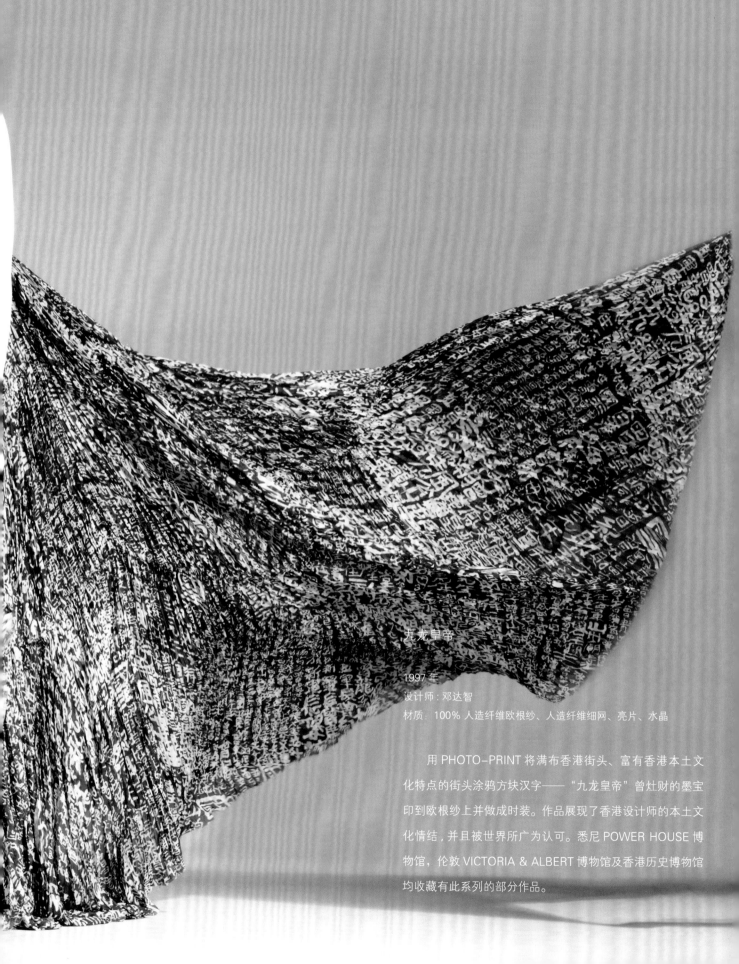

九龙皇帝

1997 年
设计师：邓达智
材质：100% 人造纤维欧根纱、人造纤维细网、亮片、水晶

用 PHOTO-PRINT 将满布香港街头、富有香港本土文化特点的街头涂鸦方块汉字——"九龙皇帝"曾灶财的墨宝印到欧根纱上并做成时装。作品展现了香港设计师的本土文化情结，并且被世界所广为认可。悉尼 POWER HOUSE 博物馆，伦敦 VICTORIA & ALBERT 博物馆及香港历史博物馆均收藏有此系列的部分作品。

水瑟丹青之桂菊山禽图

2011 年
设计师：薄涛
材质：真丝生绡、欧根纱

　　以故宫博物院的藏画作为设计元素，创造性地将丹青《桂菊山禽图》融入设计优美曼妙的时装，运用织、染、印、绣等工艺将这幅百年书画浓缩于一件充满了东方典雅的礼服之中。把中国优秀古典文化与现代时尚巧妙融合，是充分再现经典的传承之作。

2012 春夏系列

2012 年
设计师：楚艳
材质：真丝

　　作品再现了朴素而灵动的水墨意境，采用真
丝面料经过手工印染、刺绣、盘滚、压褶等中国
传统手工技艺再造，表现出强烈的立体感；廓形
融合了东西方平面与立体结构，线条简洁流畅，
层次丰富多元，传递中国式的优雅、恬淡与从容。

月亮唱歌

2007 年
设计师：梁子
材质：真丝莨绸

　　此作品采用"生纺莨"面料，此种织物较传统的莨
绸更为轻盈、飘逸。作品造型简洁、大气，制作工艺精致，
洋溢着中国味道与文化底蕴。

信　仰

2012 年
设计师：计文波
材质：真丝缎、涤丝混纺

　　作品注重图案的设计及剪裁，
采用不同的面料以达到不规则的
光泽效果，结合宗教文化艺术的特
色，以图案的形式呈现传统文化与
异域文化，折叠与褶裥工艺充满了
无穷想象。

艳 红

2012 年

作者：马伟明

材质：欧根纱、水晶

　　作品的灵感是在阳光之下透视出的女性曲线美。用一层一层的纱营造出立体的视觉效果，以含蓄的方法表现出女性的性感，利用独特的剪裁夸张表现女性的曲线，并以施华洛世奇的红色水晶作为点缀。

门

2006 年
设计师：谢锋
材质：丝棉、绵羊皮
2007 春夏巴黎时装周 Jefen 作品

　　作品灵感来源于故宫的大门—— 一扇通向未来的大门。因此设计细节采用大大的扣子象征轻轻叩响承载五千年中国文化历史的故宫之门上的门环，并采用了"贴补绣"的特殊工艺。

中国红

2009 年
设计师：王鸿鹰
材质：丝、牦牛角
"2009 北京印·时尚大典" 作品

　　设计灵感来源于夕阳下，一头披着残阳的孤独的牦牛。作品底蕴浑厚、富有张力，表现粗犷与细腻、大气与深邃的交融，整体设计风格追求深邃、粗犷与精致的对比。红色缎面华丽的质感体现出作品的高贵、浪漫与激情。

丝　绪

2012 年

设计师：Grace Chen

材质：真丝绉纱雪纺、素绉缎、双面缎带

　　像编中国结和盘扣那样用手工编织服装的上半部分，以丝缕象征着思绪绵延，飘飘洒洒。

松石蓝四叶草

2011 年
设计师：Tanya Wang
材质：真丝雪纺

　　肩领处和胸前以深浅不一的松石蓝、宝石蓝、天
青蓝、水蓝等四叶草形亮片手工钩制，配以精致细腻
的宝蓝色真丝雪纺打褶长裙，一气呵成，飘逸而高贵，
精美绝伦。该礼服作为中国服装设计师与意大利时装
文化交流的代表作品，被中国驻意大利大使馆收藏。

《花妖》第二幕《飞天的马蒂斯》

2011 年

设计师：邓皓

材质：丝光线

　　灵感源于敦煌经典的飞天形象，融入欧洲 20 世纪马蒂斯风格艺术，同时大胆采用原创印花图案、针织肌理、纱线提花、对比色彩等设计组合，将中西文化艺术进行别具特色的结合，使作品产生丰富的视觉联想效果。

苍穹药蝶

2009 年
设计师：凌雅丽
材质：水纱
法国法新机构大赛获奖作品

　　作品讲述了一个"苍穹药蝶"的故事，那是"冰蝶"的第九代后裔，寓意"覆盖寰宇般宏大的苍穹，隐含着婉约而妖娆的蝶气，如同芍药般清新灿丽"。此套创意的色调从大红色自下而上慢慢渐变到纯净的白色，来展现这个绝美的精灵——苍穹药蝶，在千年的冰封中，即将以火山般的烈焰喷发而出。

幻　世

2012 年
设计师：刘薇
材质：高科技再生环保面料
2012 中国时尚大奖作品

　　以纯净的色彩、精致浪漫的廓形、镂
空雕花工艺，创作出典雅效果，颠覆传统时
装的固有概念，演绎设计师对东方文化的理
解，对环保的责任，对纯净梦幻世界的向往。

水墨印象

2012 年
设计师：罗峥
材质：天蚕缎、真丝乔其、网纱

　　作品运用湛蓝水墨渲染，呈现出"水晕
墨章"而"如兼五彩"的水墨独特艺术效果，
绘影绘形，写意传神；剪裁上结合西方廓形，
表现了东方浪漫主义美学意境。

白色旋律

1995 年
设计师：刘洋
材质：缎布

　　灵感源于中国的传统纸扇，运用现代立体设
计的手法，让折扇的造型围绕着人体旋转起伏，
如一袭白衣的《天鹅湖》舞者般圣洁和浪漫，简
洁而富有张力，传达出一种将东方的娟秀和西方
的浪漫融为一体的旋律与智慧。

寻凤行凤循凤

2004 年

设计师：裘海索

材质：真丝、棉、纱

第十届全国美术作品展览获奖作品

作品将具有千年文化积淀的传统手工染色精华——蜡染作为设计主体，用质朴、原始、自然的传统染色技法表现古老的凤纹图样，将传统工艺与现代时装造型相结合，使时装在朴实中体现着华丽。

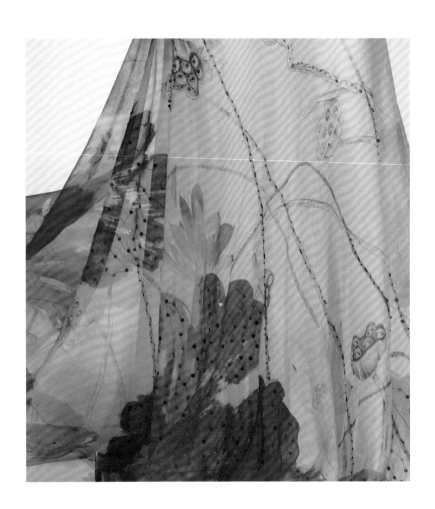

传奇——西湖四季·曲院风荷

2004 年
设计师：吴碧波
材质：真丝绡
第十届全国美术作品展览获银奖作品

　　以国画中写意泼墨式的荷花、莲蓬为设计元素，把深浅不同的夕阳红、橘红、粉藕色通过手绘与手工刺绣的工艺形式表达在作品上，在大摆斜裁真丝绡长裙上表现出夕阳下摇曳的风荷与淋漓湖水相惜相映、欲述还休的情景。

漩　涡

2009 年
设计师：林珣
材质：化纤萤光纱、混纺纤维
第十七届"汉帛奖"银奖作品

　　作品对美有一种独到的见解和诠释，用流畅的线条将漩涡
当图案立体攀盘于服装上，富有新意。用色精致、典雅，结构
立体鲜活。

The Mirror Totem

2010 年
设计师：习景凯
材质：化纤
第十八届"汉帛奖"银奖作品

　　用前瞻性的时尚语言，将寓言与现实重合，
律动感叠加起伏的条纹具有强烈的视觉冲击力，
从而给服装的穿着者与观赏者带来一次完全区别
于以往的全新幻象体验。

抱鼓石

2007 年
设计师：王静
材质：无纺毛毡
第十五届"汉帛奖"金奖作品

　　灵感来源于老北京四合院门前的抱鼓石，俗称"门鼓石""圆鼓子"。
本系列服装采用厚重饱满的静态造型，以中国传统服饰为依托，并对其
加以提炼，镶贴抱鼓石上典型的花纹图案，花色有凤凰戏珠、荷叶莲花、
石狮、蟠龙等，服饰上的立体浮雕妙趣横生，展现了中国古城建筑的历
史文化底蕴。

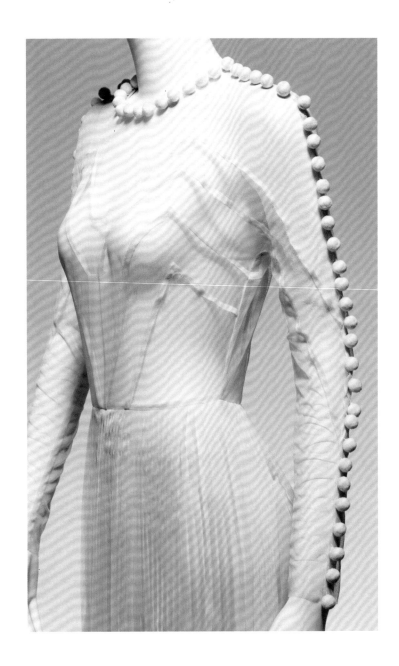

冰川雪珠

2010 年
设计师：范然
材质：真丝雪纺

　　与众不同的设计概念隐藏在高度的简洁中，柔和的面料和流畅的
线条塑造出纯净精致的气息，设计中"内敛"与"张扬"并重，设计
师用巧妙的设计语言弱化形式，使细节更丰富多元。

墨 色

2009 年
设计师：刘君
材质：纤维雾纱、白纱镂花、蕾丝
第十一届全国美术作品展览暨首届中国美术奖创作奖获奖作品

作品将"云一缕、玉一梭，玉树琼枝作烟萝，和月和花"的中国古典诗词意境与现代时装设计手法相融合，墨色雾纱中隐约可见白色缠枝烟罗，内件小礼服轻纱层叠堆砌出烟墨晕染、月色华美的效果，通过材料质感与多层次设计来营造时装整体的意境之美。

飞龙回归

1997 年
设计师 : 张天爱
材质 : 丝绒、棉、涤纶、牛仔布、针织布、化纤

　　设计以中西合璧的理念为主,将中国风与西方味互相结合,反映时尚与保守、华丽与简约的平衡。在设计制作中融入了对中西文化的深层思考和艺术感悟,中国绘画与书法、中式衣领加上西式裁剪、以龙为主的图案、改良了的旗袍,该设计将过去的西化与未来的幻想融汇为一体,将现代和传统风格紧扣在一起。

大地投影三

2009 年

设计师：李小燕

材质：化纤、棉

2009 中国国际时装周金顶奖作品

用极具生命力的纯棉材质精织编造百花与彩蝶，
还原生命的浪漫，自在的喜悦。

回

2011 年
设计师：方美玲
材质：PU 皮革
第十九届"汉帛奖"银奖作品

　　作品将传统与现代相结合，裁剪造型简约却富有创意，腰与袖口的
设计细节精美，细节设计内敛而华丽，比例和精雕细琢的造型工艺给人
全新的视觉冲击，创造出一种新的男士着装典范。

拉链元素

2011 年
设计师：Emily Ma
材质：特别定制混合材料

　　采用经过染色后手感挺括的特殊布料，配合
夸张的大齿拉链，创造出一种走在传统和前卫之
间的，适合当代女性穿着的礼服风格。

女主角

2012 年
设计师：陈龙
材质：雪纺、亚克力、化纤
第二十届"汉帛奖"银奖作品

　　灵感来源于线条感、立体感、体积感十足的建筑造型，利用亚克力材质的特点，进
行点线面的表达，搭配轻薄晕染雪纺、黑色立体玫瑰肌理材质等使时装产生与众不同的
视觉魅力。

凝 聚

2012 年
设计师：胡文邦
材质：潜水面料、PU 皮革、化纤
第二十届"汉帛奖"银奖作品

　　作品以数码印花、镂空、激光雕刻、多层叠
加等手段来表现凝聚概念。通过遴选材料和采用
新工艺技术来表达超自然的科幻世界，融合不同
文化轮廓和世事物种的精华，赋予作品跨越时空
打破常规之感。

流动的线条

2012 年
设计师 : 刘芳
材质 : 羊绒

　　该作品以"流动的线条"为主题，尝试用柔软的羊绒为载体，运用独特的针织工艺，探索二维线条空间位移后产生的极具未来感的3D视觉效果。

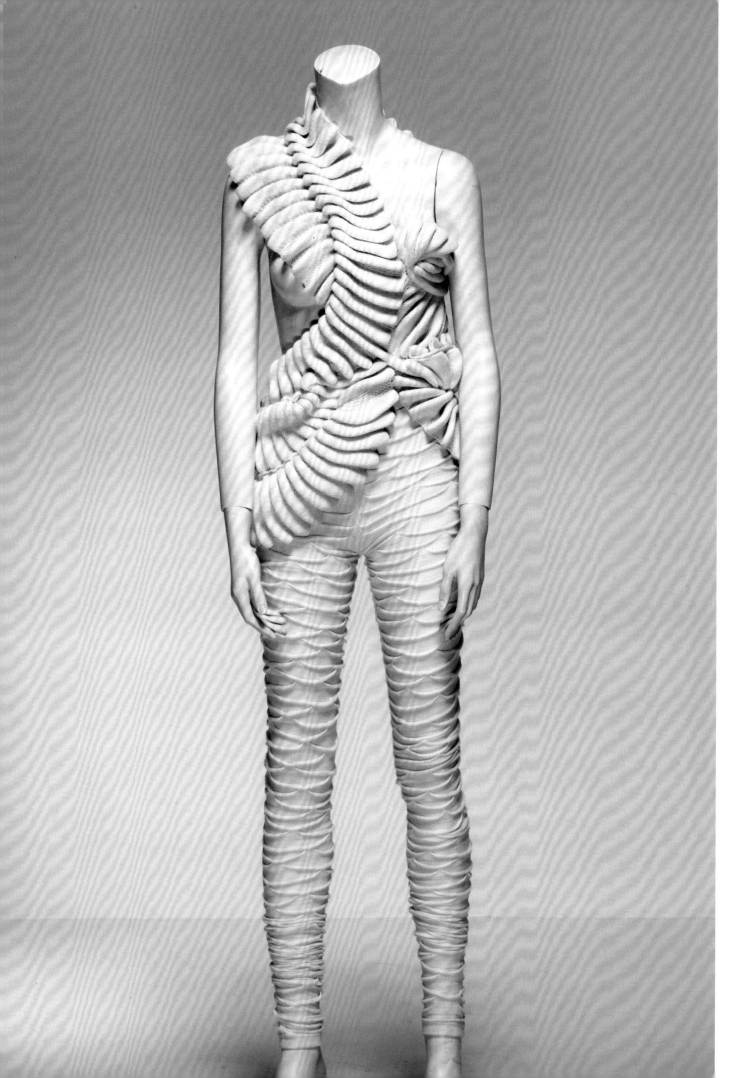

CONTINUE TO GREEN · 衍绿

2010 年
设计师：何建华
材质：玻璃丝网、缎
上海世博会"时装视野"作品

　　作品采撷郁金香圣洁、高贵、美丽的意韵，用简约的廓型设计突出绿色环保理念。重叠又简练的露肩饰盖，绿色玻璃丝网带流苏从前向后下垂，结合交叉的后背剪裁使得整套服装浑然一体，白色郁金香形的外轮廓由镂空面料和缎面布缝制，如层峦叠翠的腰身及长裙下摆，行云流水般自然灵动，将低碳环保的概念诠释得恰到好处。

参考文献

白云. 中国老旗袍. 北京：光明日报出版社，2006.

包铭新. 时装评论. 重庆：西南师范大学出版社，2002.

包铭新. 中国旗袍. 上海：上海文化出版社，1998.

卞向阳. 中国近现代海派服装史. 上海：东华大学出版社，2014.

龚建培. 摩登佳丽——月份牌与海派文化. 上海：上海人民美术出版社，2015.

华梅. 中国服装史. 天津：天津人民美术出版社，2003.

黄能馥，陈娟娟. 中华历代服饰艺术. 北京：中国旅游出版社，1999.

季羡林. 大学往事：一个世纪的追忆. 北京：昆仑出版社，2002.

凯利·布莱克曼. 20 世纪世界时装绘画图. 方茜，译. 上海：上海人民美术出版社，2008.

刘瑜. 中国旗袍文化史. 上海：上海人民美术出版社，2011.

王东霞. 从长袍马褂到西装革履. 成都：四川人民出版社，2003.

王晓华，孙青. 百年生活变迁. 南京：江苏美术出版社，2000.

王宇清. 历代妇女袍服考实. 台北：中国旗袍研究会，1975.

吴昊. 香港服装史. 香港：次文化堂，1992.

肖进. 旧闻新知张爱玲. 上海：华东师范大学出版社，2009.

薛雁. 华装风姿——中国百年旗袍. 北京：中国摄影出版社，2012.

薛雁. 时尚百年——20 世纪中国服装. 杭州：中国美术学院出版社，2004.

杨源. 中国服装百年时尚. 北京：北京远方出版社，2003.

袁杰英. 中国旗袍. 北京：中国纺织出版社，2000.

张爱玲. 更衣记. 呼和浩特：内蒙古大学出版社，2003.

张爱玲. 张爱玲全集. 北京：北京十月文艺出版社，2009.

张恨水. 金粉世家. 南京：江苏文艺出版社，2002.

赵丰. 中国丝绸史. 北京：文物出版社，2005.

中国第二历史档案馆. 老照片·服饰时尚. 南京：江苏美术出版社，1997.

中国丝绸博物馆，时尚，中国服装设计师协会. 时代映像. 北京：中国社会科学出版社，2013.

周采芹. 上海的女儿. 南宁：广西人民出版社，2002.

图书在版编目 (CIP) 数据

更衣记：中国时装艺术：1920s—2010s / 薛雁主编．
—杭州：浙江大学出版社，2020.5
ISBN 978-7-308-19739-7

Ⅰ．①更… Ⅱ．①薛… Ⅲ．①服饰文化－中国－近现代
Ⅳ．① TS941.12

中国版本图书馆 CIP 数据核字 (2019) 第 258080 号

更衣记——中国时装艺术（1920s—2010s）
薛 雁 主编

策　　划	包灵灵　张　琛
责任编辑	陆雅娟
责任校对	吴水燕
封面设计	石　几
出版发行	浙江大学出版社
	（杭州市天目山路 148 号　邮政编码 310007)
	（网址：http://www.zjupress.com)
排　　版	云水文化
印　　刷	浙江省邮电印刷股份有限公司
开　　本	889mm×1194mm　1/16
印　　张	10.25
字　　数	92 千
版 印 次	2020 年 5 月第 1 版　2020 年 5 月第 1 次印刷
书　　号	978-7-308-19739-7
定　　价	198.00 元